上海市工程建设规范

住宅二次供水技术标准

Technical standard for residential secondary water supply

DG/TJ 08—2065—2020
J 11528—2020

主编单位：上海市供水管理处
　　　　　上海市政工程设计研究总院（集团）有限公司
　　　　　上海万朗水务科技集团有限公司
批准部门：上海市住房和城乡建设管理委员会
施行日期：2021 年 1 月 1 日

同济大学出版社

2020　上海

图书在版编目(CIP)数据

住宅二次供水技术标准/上海市供水管理处,上海市政工程设计研究总院(集团)有限公司,上海万朗水务科技集团有限公司主编. -上海:同济大学出版社,2020.11

ISBN 978-7-5608-9540-6

Ⅰ.①住… Ⅱ.①上… ②上… ③上… Ⅲ.①住宅-生活供水-技术标准-上海 Ⅳ.①TU991-65

中国版本图书馆 CIP 数据核字(2020)第 197263 号

住宅二次供水技术标准

上海市供水管理处
上海市政工程设计研究总院(集团)有限公司　**主编**
上海万朗水务科技集团有限公司

策划编辑　张平官
责任编辑　朱　勇
责任校对　徐春莲
封面设计　陈益平

出版发行　同济大学出版社　　www.tongjipress.com.cn
　　　　　(地址:上海市四平路 1239 号　邮编:200092　电话:021-65985622)
经　　销　全国各地新华书店
印　　刷　浦江求真印务有限公司
开　　本　889mm×1194mm　1/32
印　　张　2.25
字　　数　60 000
版　　次　2020 年 11 月第 1 版　　2020 年 11 月第 1 次印刷
书　　号　ISBN 978-7-5608-9540-6
定　　价　20.00 元

上海市住房和城乡建设管理委员会文件

沪建标定〔2020〕419 号

上海市住房和城乡建设管理委员会
关于批准《住宅二次供水技术标准》
为上海市工程建设规范的通知

各有关单位：

由上海市供水管理处、上海市政工程设计研究总院（集团）有限公司和上海万朗水务科技集团有限公司主编的《住宅二次供水技术标准》，经我委审核，现批准为上海市工程建设规范，统一编号为 DG/TJ 08—2065—2020，自 2021 年 1 月 1 日起实施。原《住宅二次供水设计规程》DG/TJ 08—2065—2009 同时废止。

本规范由上海市住房和城乡建设管理委员会负责管理，上海市供水管理处负责解释。

特此通知。

上海市住房和城乡建设管理委员会
二〇二〇年八月十三日

前　言

根据上海市住房和城乡建设管理委员会《2017 年上海市工程建设规范编制计划》（沪建标定〔2016〕1076 号）的要求，由上海市供水管理处、上海市政工程设计研究总院（集团）有限公司和上海万朗水务科技集团有限公司会同相关单位，对《住宅二次供水设计规程》DG/TJ 08—2065—2009 进行全面修订。

本标准共 15 章，主要内容包括：总则；术语；水量、水质和水压；供水系统；贮水池和水箱；加压设备和泵房；消毒；管道和附件；计量水表；安全防范；防冻保温；监测、检测、控制和保护；施工和安装；调试和验收；运行维护和安全管理。

各单位及相关人员在执行本标准过程中，如有意见和建议，请反馈至上海市水务局（地址：上海市江苏路 389 号；邮编：200042；E-mail：kjfzc@swj.shanghai.gov.cn），上海市供水管理处（地址：上海市大连西路 261 号；邮编：200081；E-mail：shwsa@aliyun.com），或上海市建筑建材业市场管理总站（地址：上海市小木桥路 683 号；邮编：200032；E-mail：bzglk@zjw.sh.gov.cn），以供进一步修订时参考。

主 编 单 位：上海市供水管理处
　　　　　　　上海市政工程设计研究总院（集团）有限公司
　　　　　　　上海万朗水务科技集团有限公司
参 编 单 位：上海市供水行业协会
　　　　　　　上海城投水务集团有限公司
　　　　　　　上海浦东建筑设计研究院有限公司
　　　　　　　上海市房地产科学研究院

城市水资源开发利用(南方)国家工程研究中心

同济大学

主要起草人:殷荣强　许嘉炯　樊雪莲　张立尖　顾赵福

　　　　　　沈　荣　张　硕　陆　彬　王建斌　何松霖

　　　　　　陈钟珉　范晶璟　朱文佳　沈伟忠　姜　蕾

　　　　　　陈　欣　于大海　刁蓉梅　朱雪明　徐　斌

　　　　　　曹伟新　郑毓佩　洪青春　尧桂龙　周雅珍

　　　　　　刘素芳　洪景涛　陈　亮　李志轩　丁莹莹

　　　　　　田　苗　唐旭东　潘丹丹

主要审查人:王家华　徐　扬　朱建荣　孙　勇　白晓慧

　　　　　　舒诗湖　李　聪

上海市建筑建材业市场管理总站

目　次

Contents

1 总 则

1.0.1 为保障本市住宅和小区公共建筑生活用水需求,遵循安全、卫生、节能和环保的原则,制定本标准。

1.0.2 本标准适用于本市住宅及小区公共建筑的二次供水工程新建和改建设计、施工、安装、调试、验收、运行维护与安全管理。

1.0.3 本标准中二次供水不含深度处理或特殊处理。

1.0.4 二次供水工程应与主体工程同步设计、同步建设和同步使用。

1.0.5 二次供水除应执行本标准外,尚应符合国家、行业和本市现行有关标准的规定。

2 术　语

2.0.1　贮水池　reservoir

　　满足加压设备吸水和运行要求,具有水量调节功能、通气管与大气连通的生活饮用水贮水构筑物。

2.0.2　水箱　water tank

　　满足自上而下供水要求,具有水量调节功能、通气管与大气连通的生活饮用水贮水构筑物。

2.0.3　接出点　outlet junction point

　　自市政供水管网配水管道接出的起始点。

2.0.4　泄水管　draw-offpipe

　　排空池(箱)水的管道。

3 水量、水质和水压

3.1 水 量

3.1.1 二次供水设计水量包括居民生活用水水量、居住小区公共建筑用水水量,应符合现行国家标准《建筑给水排水设计标准》GB 50015 的规定。

3.1.2 住宅最高日用水量应符合现行上海市工程建设规范《住宅设计标准》DGJ 08—20 的规定。

3.1.3 引入管及给水管网的设计流量应包括管网漏失水量和未预见水量。当没有相关资料时,管网漏失水量和未预见水量之和可按最高日用水量的 8%～12% 计。

3.2 水 质

3.2.1 二次供水水质应符合现行国家标准《生活饮用水卫生标准》GB 5749 和现行上海市地方标准《生活饮用水水质标准》DB31/T 1091 的规定。二次供水的水质增测项目最高允许增加值应符合现行国家标准《二次供水设施卫生规范》GB 17051 的规定。

3.2.2 二次供水设施所用的涉水材料、成品、设备应符合现行国家标准《二次供水设施卫生规范》GB 17051 和《生活饮用水输配水设备及防护材料的安全性评价标准》GB/T 17219 的规定。

3.3 水 压

3.3.1 二次供水水压应满足室内最不利用水点最低工作压力的要求,且室内用水点压力不应大于 0.20 MPa。

3.3.2 二次供水新建工程入户水表前的静水压不应小于 0.1 MPa。当顶层为跃层时,则不应小于 0.13 MPa。

3.3.3 条件受限时,现有二次供水改建后的入户水表前最低静水压不应小于 0.05 MPa。由于客观条件限制,压力不能满足 0.05 MPa时,经评估允许采用局部增压措施。

4 供水系统

4.0.1 二次供水系统应根据市政供水管网的条件、供水需求、建设条件、使用要求，按安全可靠性和节能减排，经技术经济比较后确定布置形式。

4.0.2 二次供水加压系统出水至用户水表之间的管段不应与直供系统连接。

4.0.3 二次供水加压系统中应设置水量调节设施。

4.0.4 二次供水加压设施的数量、规模、位置和水压应根据服务区域的规模、建筑物的布置和高度等因素确定。

4.0.5 采用叠压供水系统应进行论证，且叠压供水系统设置的贮水池和水箱容积应符合本标准第5.0.1条和第5.0.3条的规定。

4.0.6 建筑高度不超过100 m建筑的二次供水宜采用垂直分区并联供水或分区减压的供水方式。建筑高度超过100 m建筑宜采用垂直串联供水方式。

4.0.7 采用由市政供水管网夜间直接补水的水箱供水方式时，应根据管网压力变化、进水流量以及用水特征，充分论证供水的可靠性和安全性。

4.0.8 二次供水倒流防止器的设置应符合现行国家标准《建筑给水排水设计规范》GB 50015的规定。

4.0.9 室内和室外的二次供水管网应分别设置泄水口。泄水口应与排水系统之间采取空气隔断措施。

5 贮水池和水箱

5.0.1 贮水池应为生活用水专用调节水池,并符合下列规定:

1 有效调节容积应按生活用水入流量及出流量变化曲线计算确定。

2 安全容积应根据城镇供水制度、供水可靠程度及小区供水的保证要求确定。

3 当资料不足时,小区加压泵房贮水池的有效调节容积可按最高日用水量15%~20%计,建筑物内贮水池可按最高日用水量20%~25%计。

4 当贮水池的有效容积大于50 m³时,宜设置为单独运行且容积相等的两格。

5.0.2 生活用水水箱应与其他用水水箱分开设置。

5.0.3 水箱有效调节容积应根据进水与用水变化曲线、水泵运行方式等因素确定。当缺乏资料且采用水泵-水箱联合供水方式时,应符合下列规定:

1 在水泵自动启停运行模式条件下,水箱有效容积不宜小于服务区域内最大小时用水量的50%。

2 在水泵人工开停运行模式条件下,水箱有效容积可按服务区域内最高日用水量的12%计。

5.0.4 新建二次供水水箱设计总容积不得超过服务区域内24 h用水量。当有效容积大于50 m³时,宜设置为单独运行且容积相等的两格。

5.0.5 新建贮水池和水箱应采用独立结构形式,不得利用建筑物本体结构作为贮水池和水箱的壁板、底板及顶盖。

5.0.6 当生活饮用水贮水池和水箱与其他用水贮水池和水箱并

列设置时,应设置各自独立的分隔墙,分隔墙之间应有排水措施。

5.0.7 新建贮水池应采用非埋地形式。

5.0.8 已建埋地或半埋地贮水池应符合下列规定:

    1 周围 10 m 以内,不得有化粪池、污水处理构筑物、渗水井、垃圾堆放点等污染源。

    2 周围 2 m 以内不得有污水管和污染物。

    3 当达不到上述两款条文的要求时,应采取防污染的措施。

5.0.9 建筑物内贮水池和水箱应设置在通风良好的专用房间内,不应毗邻配变电所或在其上方,不宜毗邻居住用房或在其下方,上方的房间不应有厕所、浴室、盥洗室、厨房、污水处理间等,贮水池和水箱上方不得有污水管和废水管等穿越。

5.0.10 新建贮水池和水箱外壁与建筑本体结构墙面或其他池壁之间的净距应满足施工或装配的要求。

5.0.11 新建或改建的贮水池和水箱不得使用普通钢板和手工涂抹有机内衬材料。

5.0.12 新建或改建的贮水池和水箱应符合下列规定:

    1 采用不锈钢结构时,宜选择厂内制作的成品部件组装的贮水池和水箱,主体结构不应采用现场焊接的方式,材质不应低于 06Cr19Ni10。

    2 采用钢筋混凝土结构时,应按抗裂要求设计,内壁迎水面应采用材质不低于 06Cr19Ni10 的不锈钢内衬、聚乙烯内衬或食品级瓷砖等表面光洁材料进行铺砌。

    3 钢筋混凝土贮水池和水箱迎水面采用不锈钢内衬时,不得现场焊接。

    4 不锈钢焊接材料应根据焊接工艺评定进行选择,焊接后的性能不得低于母材,并进行必要的抗氧化处理和防渗漏检测。

    5 钢筋混凝土贮水池和水箱迎水面采用聚乙烯内衬时,宜采用整板搭接拼装,搭接宽度宜控制在 50 mm~100 mm。

    6 采用食品级涂料内衬贮水池和水箱时,其喷涂厚度及做法按设计要求。

5.0.13 贮水池和水箱应为封闭结构,并根据检修和运行要求设置人孔。人孔应确保人员、工具及内部设备能够正常进出,高出贮水池和水箱外顶不得小于 0.1 m。

5.0.14 贮水池和水箱高度大于 1.5 m 时,应设置内、外爬梯。内爬梯可采用固定式或临时爬梯,固定式内爬梯及贮水池和水箱内支撑件应与贮水池和水箱主体材质一致。

5.0.15 贮水池和水箱的进水管和出水管设置位置不得产生短流。

5.0.16 贮水池和水箱接出(入)管采用金属管道时,其断面应采取防腐蚀措施。

5.0.17 水箱出水管应从侧壁接出,管底距水箱内底间距宜为 0.1 m,并采取防止空气进入出水管的措施。

5.0.18 贮水池和水箱泄水管应由底部最低点接出,并采取防止外部生物入侵和空气隔断的措施。贮水池和水箱底应有一定坡度,坡向泄水管接出点,进行重力泄空。

5.0.19 贮水池和水箱溢流管管径应按排出最大进水流量加以确定。溢流管宜采用水平喇叭口集水,并应采取防止外部生物入侵和空气隔断的措施。

5.0.20 泄水管管径应按贮水池和水箱泄空时间和受体排泄能力确定。泄水管和溢流管应采取间接排水形式,不得与排水构筑物和排水管道直接连接。

5.0.21 贮水池和水箱应设置与大气连通且防止外部生物入侵的通气管,根数和空气通量应根据贮水池和水箱运行、布置、通风要求和通气管产品特性等因素加以确定。通气管应采取防止外部生物入侵的措施。

5.0.22 贮水池和水箱应设置专用水质检测取样装置。

5.0.23 贮水池和水箱应根据环境温度、结构材质和具体布置,采取隔热措施。

5.0.24 贮水池和水箱应根据安装、检修、清洗、消毒等要求,采取必要的人身安全防护措施。

5.0.25 贮水池和水箱不得接纳管道试压水、泄压水、溢流水和清洗水等其他来水。

5.0.26 贮水池和水箱的自动液位控制装置应在人孔附近便于维护的位置,宜在人孔周围可见、可触的范围内。

6 加压设备和泵房

6.1 加压设备

6.1.1 加压水泵应依据管网系统水力计算分析进行选型。水泵台数、供水流量和工作压力应根据设计运行模式确定。在主要工况条件下，水泵应在高效区内运行，水泵效率应符合现行国家标准《清水离心泵能效限定值及节能评价值》GB 19762 的有关规定。

6.1.2 水泵机组应设置备用水泵。备用水泵的供水能力不得小于最大一台常用水泵的供水能力，并能实现运行切换。

6.1.3 变频泵组的选择应以工况范围位于水泵高效区内为原则。每台变频水泵宜采用独立的变频调节装置，并配备必要的自动控制设备。

6.1.4 水泵应选用耐腐蚀的产品。水泵叶轮宜采用不锈钢或铜合金，泵轴宜采用不锈钢材质。壳体内壁的防腐材料应不易磨损和脱落。壳体内壁防腐以及密封圈与水接触的部件不得影响水质。

6.1.5 采用气压供水设备时，气压水罐内的最低供水压力应满足管网最不利处的配水点所需水压，最高供水压力不应使管网配水点最大水压大于 0.55 MPa。泵组的流量不应小于相应的供水系统最大小时用水量的 1.2 倍。

6.1.6 吸水喇叭口最小淹没深度不宜小于 0.3 m，距池底净距、边缘与池壁净距和吸水管管间净距应符合现行国家标准《建筑给水排水设计标准》GB 50015 的有关规定。

6.1.7 水泵应采用自灌启动方式。

6.1.8 安装于贮水池内的水泵及其阀组,宜具备不入池检修和维护的条件。

6.1.9 水泵机组的布置、安装高度、出水管安装要求以及检修和减振防噪措施,应符合现行国家标准《建筑给水排水设计标准》GB 50015 的有关规定。

6.2 泵 房

6.2.1 泵房应具有良好的照明、通风、排水、消防、监控、安防等设施和必要的防水、防潮、防汛、防虫鼠措施。

6.2.2 泵房宜单独设置。新建建筑物内加压泵房不应设置在有居住要求的房间上、下和毗邻的房间内。

6.2.3 新建工程泵房 10 m 以内不应有卫生间和污水提升间等设施。

6.2.4 泵房应满足控制柜等设备安装要求。

6.2.5 泵房管路应具备取样和测压装置的安装条件。

6.2.6 泵房应采取减振、防噪措施,并应符合现行国家标准《建筑给水排水设计标准》GB 50015 的有关规定。

6.2.7 泵房环境噪声应符合现行国家标准《声环境质量标准》GB 3096 和《民用建筑隔声设计规范》GB 50118 的有关规定。

7 消 毒

7.0.1 二次供水的消毒方式应根据工程特点进行选择。

7.0.2 采用消毒剂时,应符合现行国家标准《饮用水化学处理剂卫生安全性评价》GB/T 17218 的规定,并应符合下列规定:

    1 杀菌消毒能力强,并有持续杀菌功能。

    2 不造成水和环境污染。

    3 产品便于运输,储存安全。

    4 对结构、管道和设备无腐蚀。

    5 日常费用低,便于现场制备和投加。

7.0.3 消毒剂的投加量应根据二次供水特点、运行模式和总停留时间确定。设备最大投加量应满足最不利条件下的消毒要求。

7.0.4 消毒剂投加点应根据所采用的消毒剂和消毒要求确定。

7.0.5 消毒设备应采用合格成套设备,安全、卫生、环保,便于安装检修,有效耐用。

8 管道和附件

8.1 管 道

8.1.1 采用的管道和管件应符合现行产品标准的要求。管道和管件的工作压力不得大于国家现行标准中公称压力或标称的允许工作压力。

8.1.2 埋地管道应耐腐蚀和能承受相应的地面荷载。

8.1.3 室内管道应选用耐腐蚀和安装连接方便可靠的管材,宜采用不锈钢管、塑料管和钢塑复合管等。管道及管件进行明敷时,不应采用透光性材质。

8.1.4 成品管应采用与管道材质相匹配的成品管件。

8.1.5 钢筋混凝土贮水池和水箱迎水面采用聚乙烯内衬时,相接驳的管段应与内衬材质相同,且采用热熔与内衬进行焊接密封。

8.1.6 水表前的住宅入户管公称直径应根据用户给水设计流量确定。最小公称直径不得小于 20 mm。

8.1.7 室外给水管道宜沿行车道外平行敷设。行车道下管道设计覆土深度不宜小于 0.7 m。管道敷设不得影响建筑物基础。

8.1.8 管道设置应符合下列规定:

   1 埋地管道应进行标识。

   2 埋地管道不应布置在可能受重物压坏处。

   3 给水管道不宜穿越伸缩缝、沉降缝和抗震缝;必须穿越时,应采取补偿管道伸缩和剪切变形措施。

   4 管道不宜穿越人防地下室;必须穿越时,应按规定设置防护阀门。

5 塑料管道穿越防火分区时,应采取阻火措施。

8.1.9 立管设置应符合下列规定:

1 建筑物内主立管应设计位于公共部位。

2 塑料立管明敷时,应布置在不易受撞击处;不能避免时,应采取必要的防撞措施。

3 高层住宅立管不宜采用塑料管,加压泵房内与水泵连接的管道不应采用塑料管。

8.1.10 管道在穿越屋面、地下构筑物和钢筋混凝土贮水池和水箱结构时,应设置防水套管。

8.1.11 室内管道的敷设要求应符合现行国家标准《建筑给水排水设计标准》GB 50015 的有关规定。

8.2 附 件

8.2.1 二次供水管道的下列部位应设置检修阀门:

1 由市政供水管网接出的引入管。

2 室外地下管网节点、分段和支管起端需满足分隔和分段要求处。

3 接户管起端、入户管、水表前和各分支立管处。

4 贮水池、水箱、加压水泵等进出水管路需满足运行和检修要求处。

5 自动排气阀、泄压阀、压力表等附件前端,减压阀与倒流防止器前、后端。

8.2.2 二次供水管道阀门应满足安装处的最大工作压力及试验压力。

8.2.3 室外二次供水埋地管道的阀门应设置阀门井或阀门套筒。

8.2.4 各类二次供水管道阀门应具有耐腐蚀性,并根据管径大小、所承受的压力和运行要求进行合理选型。安装于金属管道上的阀门其材质宜与管道材质一致。

8.2.5 每台水泵出水管应设置止回阀。在需要削弱水锤的部位，可选择配备有阻尼装置的缓闭止回阀或采取其他有效措施。

8.2.6 必要时，应设置减压设施，并应符合现行国家标准《建筑给水排水设计标准》GB 50015 和《民用建筑节水设计标准》GB 50555 的有关规定。

8.2.7 二次供水管道倒流防止器和真空破坏器的设置应符合现行国家标准《建筑给水排水设计标准》GB 50015 的有关规定。

8.2.8 止回阀及普通阀组不得作为二次供水管道防止回流污染的有效措施。

8.2.9 二次供水管道应根据安装和运行需要采取伸缩补偿措施。

8.2.10 自动液位控制装置宜采用有电气或水力控制的专用阀门，其公称管径应与进水管管径一致，涉水部件材质应具有耐腐蚀性。

9 计量水表

9.0.1 在住宅及小区公共建筑物入户管上均应设置计量水表。水表应采用由技术质量监督部门认可企业生产且通过首次强检的产品。

9.0.2 水表应设置在观察方便、不被任何液体或杂质淹没和不易受损坏的地方。

9.0.3 用户水表宜设在住宅套外公共部位,安装位置应有利于水表的维修和拆装,安装高度宜在 1.4 m 以下。

9.0.4 室外埋地水表及配套阀门应设置在水表井内,并应符合下列规定:

　　1 水表井不得安装在有污染和腐蚀的地方,并应避免车辆等重物碾压。

　　2 埋地水表埋设深度及防冻措施,应根据安装部位的条件加以确定。

　　3 表径小于 DN50 的埋深宜为 0.25 m～0.30 m,其他埋深宜为 0.70 m。

　　4 明装水表应有防冻措施。

　　5 水表井室应确保清洁,无积水。

9.0.5 水表安装时,读数度盘应水平安置。水表前应设置检修阀门。

9.0.6 与水表连接的上游和下游管道应设置直管段,管径应与水表接口管径相同,直管段长度及水平度应满足水表计量精度要求。入户水表及配套阀门应安装于相匹配的水表箱内。

10 安全防范

10.0.1 加压泵房、贮水池和水箱用房、消毒设备间等场所应设置视频监视系统,在出入口设置门禁和入侵探测器,视频信号和报警信号宜传送至集中监控平台,并应符合现行国家标准《视频安防监控系统工程设计规范》GB 50395、《入侵报警系统工程设计规范》GB 50394 以及现行上海市地方标准《住宅小区智能安全技术防范系统要求》DB31/T 294 的有关规定。

10.0.2 加压泵房应设置带锁安全门。

10.0.3 贮水池和水箱的人孔应密封,并配备防盗、误启等加锁设施。

10.0.4 水表箱和水表井应采取加锁措施。

11 防冻保温

11.0.1 室外明露和住宅公共部位易结冻的管道及设施应采取必要的防冻保温措施。

11.0.2 防冻保温工作应在二次供水设施和管道压力试验合格以及表面防腐工作完成后进行。

11.0.3 保温结构应包含保温层和保护层,其厚度应符合现行上海市工程建设规范《住宅设计标准》DGJ 08—20 的规定。

11.0.4 保温层材料应具有耐火、防水、防潮、抗大气腐蚀、化学稳定性好等性能,并不得对保护层材料产生腐蚀或溶解作用。

11.0.5 保温层材料的燃烧性能等级不得低于现行国家标准《建筑材料及制品燃烧性能分级》GB 8624 规定的 B_1 级。

11.0.6 保温层外的保护层应密封、防渗,安装应方便,外表应整齐,使用耐久。

11.0.7 保护层材料应具有机械强度高、防水、防潮、抗大气腐蚀和光照老化等性能,在使用环境下不软化、不脆裂。

11.0.8 保护层宜选用塑料合金、硬质聚氯乙烯或金属材料;有防火要求的管道及设施宜选用不锈钢材料的保护层。

12 监测、检测、控制和保护

12.1 监测和检测

12.1.1 二次供水应设集中监控平台,设置水压、液位等监测设备和水质的在线检测仪表。

12.1.2 检测仪表的量程应为工作点测量值的 1.5 倍～2 倍。

12.1.3 检测仪表应具有现场显示功能,具备标准通信协议和接口,可实现数字信号的实时传输。

12.1.4 二次供水水质检测应符合下列规定:

    1 检测点的位置应覆盖供水区域,并应在综合考虑设施的服务人口数量、有无水池及水箱、管材材质、使用时间和管理等后确定。

    2 检测内容应包括加压泵房出水消毒剂余量、浊度,宜包括水箱出水消毒剂余量、浊度。

12.1.5 泵房宜设置远程终端单元,并符合下列规定:

    1 宜配置 PLC 控制器、操作显示终端、网络通信设备、网络安全设备、UPS 电源等设备,设备应采用工业级产品。

    2 宜汇总、存储、显示二次供水设备数据、仪表检测数据、供配电设备数据、泵房环境监测数据,并宜实时上传至集中监控平台。

12.1.6 水质仪表信号宜通过现场总线方式接入远程终端单元。

12.1.7 与上级通信有线网络宜采用基于 TCP/IP 协议的数据专用网络,无线网络宜采用无线物联网。对无线组网应采取身份认证、安全监测等防护措施。

12.2 控　制

12.2.1 控制设备应符合下列规定:

　　1 应符合现行国家标准《通用用电设备配电设计规范》GB 50055 的有关规定。

　　2 应设定就地自动和手动控制方式,可采用远程控制。

　　3 应具有必要的参数、状态和信号显示功能。

　　4 备用泵宜设定为故障自投和轮换互投。

12.2.2 水泵运行控制模式应根据二次供水的系统确定。

12.2.3 变频调速控制时,设备应能自动进行小流量运行控制。

12.2.4 叠压供水设备应能进行压力、流量控制。

12.2.5 二次供水设备有人机对话功能时,应采用中文界面,图标明显、显示清晰、便于操作。

12.2.6 变频调速供水电控柜(箱)应符合现行行业标准《微机控制变频调速给水设备》JG/T 3009 的有关规定。

12.2.7 二次供水控制设备应提供标准、开放的通信协议和接口。

12.3 保　护

12.3.1 控制设备应有过载、短路、过压、缺相和欠压等故障报警及自动保护功能。对可恢复的故障应能自动或手动消除,恢复正常运行。

12.3.2 设备的电控柜(箱)应符合现行国家标准《电气控制设备》GB/T 3797 的有关规定。

12.3.3 电源应满足设备的安全运行,宜采用双电源或双回路供电方式。

12.3.4 贮水池和水箱应设置液位控制装置,液位超高或过低时,应自动报警;液位超高时,应自动关闭进水电动阀。

12.3.5 水泵出水管道应设置压力控制传感装置,超过设定上限压力时,应自动报警并停止系统运行。

12.3.6 安装在地下泵房内的设备的防护等级不宜低于 IP55,并宜采取防潮措施。

12.3.7 设备、仪表应采取必要的防雷和接地措施。

13 施工和安装

13.0.1 设备的安装应按设计要求进行,压力、液位、电压、频率等监控仪表的安装位置和方向应符合设计和产品要求,精度等级应符合国家现行有关标准的规定,不得少装、漏装。

13.0.2 设备安装位置应满足安全运行、清洁消毒、维护检修要求。水泵安装应符合现行国家标准《压缩机、风机、泵安装工程施工及验收规范》GB 50275 的有关规定。

13.0.3 贮水池和水箱采用聚乙烯薄板内衬时,应符合以下规定:

 1 应对内部进行全面内衬,对拼接部位采用与内衬层同材质的焊条进行熔接,形成完整的密封结构。

 2 应做好迎水面基层处理,对内壁表面受损部位进行修复平整。

 3 进水、出水、溢流、泄水等穿壁管应采用与内胆材质相同、符合卫生性能要求的聚乙烯管,并设置可拆卸便于维修的转换接头与外部管道或阀门相连接。

13.0.4 钢塑复合管和其他具有防腐内衬的金属管道不得进行焊接。

13.0.5 不锈钢焊接应符合现行国家标准《现场设备、工业管道焊接工程施工及验收规范》GB 50683 的有关规定,且应对焊缝进行酸洗钝化等抗氧化处理。

13.0.6 不同材质的金属管道不得直接接触连接。

13.0.7 衬(涂)塑复合钢管不得采用涂塑可锻铸铁配件连接。

13.0.8 阀门安装前,应按设计文件核对其型号,并应按介质流向确定其安装方向。

13.0.9 电控柜(箱)的安装应符合现行国家标准《建筑电气工程施工质量验收规范》GB 50303 的有关规定。

14 调试和验收

14.1 调 试

14.1.1 二次供水设施完工后应按设计要求进行通电、通水调试。

14.1.2 管道安装完成后应分别对立管、连接管及室外管段进行水压试验和清洗消毒。水压试验应符合设计要求,不得用气压试验代替水压试验。

14.1.3 暗装管道应在隐蔽前试压。热熔连接管道水压试验应在连接完成 24 h 后进行。

14.1.4 在管网水压强度试验合格后,连接上设备、仪表、阀门及附件,进行水压严密性试验。系统严密性试验经验收合格后,应按设计要求对埋地管道进行回填,对暗装管道进行隐蔽。

14.1.5 贮水池和水箱安装完毕后,应进行满水试验,并静置 24 h,无渗漏视为合格。

14.1.6 水泵应进行点动及连续运转试验,当泵后压力达到设定值时,应按设计要求对压力、流量、液位等自动控制环节应进行人工扰动试验。

14.1.7 二次供水应进行通水试验。在通水试验前应按设计文件要求将控制阀门置于相应的通、断位置,并将电控装置逐级通电,工作电压应符合要求。

14.1.8 管道冲洗宜设置临时专用排水管道,冲洗时应保证排水管路畅通,管网宜采用市政供水冲洗。冲洗时应避开用水高峰,以流速不小于 1.5 m/s 的水流连续冲洗,并打开系统配水点末梢多个龙头,直至出水口处浊度、色度与入水口处冲洗水相同为止。

14.1.9 管道消毒时,应根据二次供水设施类型和管网材质选择相应的消毒剂。经试压后的薄壁不锈钢配水管道,宜采用 0.03%的高锰酸钾消毒液进行消毒,浸泡 24 h 以上排空;其余材质管道宜采用含 20 mg/L～30 mg/L 游离氯浓度的消毒水进行消毒,浸泡 24 h 以上后排空。

14.1.10 管道冲洗消毒应符合现行上海市地方标准《城镇供水管道水力冲洗技术规范》DB31/T 926 的有关规定。

14.1.11 冲洗、消毒后,二次供水出水水质应符合现行国家标准《生活饮用水卫生标准》GB 5749 和现行上海市地方标准《生活饮用水水质标准》DB31/T 1091 的有关规定。

14.2 验 收

14.2.1 安装及调试完成后,应按下列规定组织竣工验收:

 1 工程质量验收应符合现行国家标准《给水排水构筑物工程施工及验收规范》GB 50141、《给水排水管道工程施工及验收规范》GB 50268、《建筑给水排水及采暖工程施工质量验收规范》GB 50242 和《建筑工程施工质量验收统一标准》GB 50300 的规定。

 2 设备安装验收应符合现行国家标准《机械设备安装工程施工及验收通用规范》GB 50231 的规定。

 3 电气安装验收应符合现行国家标准《建筑电气工程施工质量验收规范》GB 50303 的规定。

 4 自控仪表安装验收应符合现行国家标准《自动化仪表工程施工及质量验收规范》GB 50093 的规定。

14.2.2 竣工验收时应提供下列文件资料:

 1 施工图、设计变更文件、竣工图。

 2 图纸会审记录。

 3 隐蔽工程验收资料。

 4 项目的设备、材料合格证、质保卡、说明书等相关资料。

5 涉水产品的卫生许可批件。

6 混凝土、砂浆、防腐及焊接质量检验记录。

7 回填土压实度的检验记录。

8 试压、调试、冲洗、消毒检查记录。

9 具有国家法定资质的水质检验部门出具的管网水质检验合格报告。

10 环境噪声监测报告。

11 中间试验和隐蔽工程验收记录。

12 竣工验收报告。

13 工程质量评定和质量事故记录。

14 工程影像资料。

14.2.3 竣工验收一般检查项目应包括下列内容：

1 供电电源的安全性、可靠性。

2 泵房位置、泵房及周边环境、水泵机组运行状况和扬程、流量等参数。

3 管材、管件、附件、设备的材质和管网口径与设计要求一致性。

4 贮水池和水箱材质。

5 供水设备显示仪表的准确度。

6 供水设备控制与数据传输功能。

7 用电设备接地、防雷等保护功能。

8 泵房排水、通风及管路保温。

14.2.4 竣工验收重点检查项目应包括下列内容：

1 系统运行可靠性。

2 防回流污染设施的安全性、可靠性。

3 消毒设备的安全性、可靠性。

4 供水设备的减振措施及环境噪声控制。

14.2.5 施工单位整理移交建设单位归档的技术资料应包括下列内容：

1 管材、管件、设备等出厂合格证书、涉水产品的卫生检验报告。

　　2 工程竣工图纸。

　　3 二次供水设备的使用说明书、控制原理图等资料。

　　4 水压试验、管网清洗和消毒记录、水质检验报告。

15　运行维护和安全管理

15.0.1　贮水池和水箱内水力停留时间合计不宜超过 24 h。

15.0.2　贮水池和水箱周围环境应保持整洁,不得堆放杂物、垃圾。

15.0.3　贮水池和水箱应定期进行清洗、消毒,每半年不少于 1 次。停用恢复时应进行清洗、消毒。

15.0.4　贮水池和水箱清洗消毒后,应现场注水检测浑浊度、消毒剂余量;检测不合格的应重新清洗消毒,直至现场取样检测合格。恢复运行后应由具有相关计量认证资质的检验机构取样检测。

15.0.5　贮水池和水箱清洗、消毒前,应对过滤器等附属设施进行检查、维修和保养,并做好记录。

15.0.6　直接从事二次供水设施清洗、消毒的工作人员应具备健康合格证、登高作业证、有限空间作业证等必要证件,进行清洗、消毒工作必须采取安全防护措施。

15.0.7　二次供水水质检验指标和检验频率应符合现行上海市地方标准《生活饮用水水质标准》DB31/T 1091 的规定。检测水样应取自采样点,并符合采样要求。

15.0.8　泵房的照明、通风、排水、消防、防汛、监控、安防等设施应确保正常使用,环境应保持整洁。

15.0.9　水泵维护保养计划应每半年不少于 1 次。

15.0.10　用于贸易结算的计量水表应首次强检、限期使用、到时更换。

15.0.11　计量器具应定期检查和校验。

15.0.12　各类阀门的灵活度及密封性应定期检查。每半年对减压阀、止回阀等各类阀门检查 1 次。

15.0.13　二次供水管道及附件应定期维护,每年不少于 1 次。

15.0.14 检测仪表和监控设备应按国家相关规定或制造厂设定的检定周期进行检定,并应按产品设计寿命年限更换。

15.0.15 设备和阀门的电动执行装置应定期检查与维护。

15.0.16 二次供水设施的防冻保温设施应在每年冬季来临前完成维护。

15.0.17 二次供水突发应急预案应制定和完善,并做好应急物资的储备工作。

15.0.18 二次供水工程使用的化学药剂应妥善保存和使用。

15.0.19 在线检测仪表产生的废弃液应收集并处置。

本标准用词说明

1 为便于在执行本标准条文时区别对待,对要求严格程度不同的用词说明如下:

    1)表示很严格,非这样做不可的用词:

        正面词采用"必须";

        反面词采用"严禁"。

    2)表示严格,在正常情况均应这样做的用词:

        正面词采用"应";

        反面词采用"不应"或"不得"。

    3)表示允许稍有选择,在条件许可时首先应这样做的用词:

        正面词采用"宜";

        反面采用"不宜"。

    4)表示有选择,在一定条件下可以这样做的用词,采用"可"。

2 条文中指定应按其他有关标准、规范执行的写法为"应符合……的规定(要求)"或"应按……执行"。

引用标准名录

1 《声环境质量标准》GB 3096
2 《电气控制设备》GB/T 3797
3 《生活饮用水卫生标准》GB 5749
4 《建筑材料及制品燃烧性能分级》GB 8624
5 《二次供水设施卫生规范》GB 17051
6 《饮用水化学处理剂卫生安全性评价》GB/T 17218
7 《生活饮用水输配水设备及防护材料的安全性评价标准》
　GB/T 17219
8 《清水离心泵能效限定值及节能评价值》GB 19762
9 《建筑给水排水设计标准》GB 50015
10 《通用用电设备配电设计规范》GB 50055
11 《自动化仪表工程施工及质量验收规范》GB 50093
12 《民用建筑隔声设计规范》GB 50118
13 《给水排水构筑物工程施工及验收规范》GB 50141
14 《机械设备安装工程施工及验收通用规范》GB 50231
15 《建筑给水排水及采暖工程施工质量验收规范》GB 50242
16 《给水排水管道工程施工及验收规范》GB 50268
17 《压缩机、风机、泵安装工程施工及验收规范》GB 50275
18 《建筑工程施工质量验收统一标准》GB 50300
19 《建筑电气工程施工质量验收规范》GB 50303
20 《入侵报警系统工程设计规范》GB 50394
21 《视频安防监控系统工程设计规范》GB 50395
22 《现场设备、工业管道焊接工程施工及验收规范》GB 50683
23 《微机控制变频调速给水设备》JG/T 3009

24 《住宅设计标准 》DGJ 08—20

25 《住宅小区智能安全技术防范系统要求》DB31/T 294

26 《城镇供水管道水力冲洗技术规范》DB31/T 926

27 《生活饮用水水质标准》DB31/T 1091

上海市工程建设规范

住宅二次供水技术标准

DG/TJ 08—2065—2020
J 11528—2020

条 文 说 明

2020 上海

目　次

Contents

1 总　　则

　　本标准是在《住宅二次供水设计规程》DG/TJ 08—2065—2009 的基础上修订而成,上一版的主编单位是上海市水务局、上海市房屋土地资源管理局和上海市政工程设计研究总院,参编单位包括上海市供水管理处、上海市城市建设投资开发总公司、上海市房地产科学研究院和城市水资源开发利用(南方)国家工程研究中心,主要起草人员是陈远鸣、吴今明、郑毓佩、殷荣强、杨巧虹、高伟、周雅珍、许嘉炯、于大海、姚洁、邹伟国、刁蓉梅、刘正美、张硕、樊华青、钱卫实和吕立。

　　本标准修订过程中,编制组进行了大量的调查研究。针对上海市住宅二次供水的现状及经验,同时参考了现行国家标准《建筑给水排水设计标准》GB 50015、现行行业标准《二次供水工程技术规程》CJJ 140 和现行上海市地方标准《生活饮用水水质标准》DB31/T 1091 等技术文件,进一步调整和完善了原有内容,补充了新设备、新工艺相关内容,以进一步指导实际工程,解决实际问题,体现目前和近期的技术要求等。本标准公开书面征询 2 所高等院校、7 家设计单位、1 家厂商单位、6 家运营单位和相关政府管理部门意见,并通过上海市建筑建材业网和上海市水务局门户网站向全市公开征询意见。

1.0.1 公共供水服务供应保障与经济社会发展和人民群众生活息息相关。规范统一住宅二次供水的技术标准,是理顺相关管理体制的基础工作,是保障生活饮用水水质和服务供应的有效手段,是解决人民群众最关心、最直接和最现实问题的有效措施。在对现有住宅二次供水存在问题进行分析的基础上,广泛征求有关工程设计单位、运行管理部门、供水企业和有关专家等意见,并借鉴国内其他城市相关经验，为进一步体现水质安全、保障供给和节能减排原则，规范住宅二次供水的设计、施工、安装、调试、验收、设施维护与安全管理，编制本标准。

1.0.2 改建工程指经过评估后需对现有二次供水工程进行重大调整或对主要土建设施进行改造的工程，如进行供水的系统格局或运行模式的调整；加压设施和贮水池和水箱的土建结构进行重建或改建等。

1.0.3 对有特殊供水水质要求的用户，按照水质要求采取必要的处理措施，并符合其他相关技术规定。

1.0.4 为确保住宅二次供水的正常运行，作为总体工程的组成部分，新建二次供水工程应与主体建筑工程同步设计、同步建设和同步使用，同时避免对住宅二次供水进行不必要的补建和改建。

　　根据《建设工程勘察设计管理条例》（国务院令第 293 号），在工程勘察、设计层面，主要规定为：承担工程设计的单位应具有相应资质，建设单位、施工单位和监理单位等不得修改建设工程勘察、设计文件；确需修改的，应由原建设工程勘察、设计单位修改。勘察、设计文件内容需做重大修改，建设单位应报经原审批机关批准后，方可修改。

3 水量、水质和水压

3.1 水 量

3.1.1 在现行国家标准《建筑给水排水设计标准》GB 50015—2019 中,考虑住宅类别、建筑标准、卫生器具完备程度和区域等因素,对住宅最高日生活用水定额及小时变化系数的取值范围进行了规定,其中设置有大便器、洗涤盆、洗脸盆、洗衣机、热水器和沐浴设备的普通住宅的最高日生活用水定额范围为 130 L/人/d~300 L/人/d,平均日用水定额范围为 50 L/人/d~200 L/人/d,最高日小时变化系数为 2.8~2.3。

3.1.2 现行上海市工程建设规范《住宅设计标准》DGJ 08—20—2018 规定,住宅每人最高日生活用水定额不宜大于 230 L。在设计中,对住宅生活用水定额进行具体取值时,应根据住宅所在区域的不同、用水器具的配置情况和建筑类别等因素进行分析,确定最高日用水定额,并与当地住宅供水水量预测标准取得一致。

3.1.3 考虑到住宅的二次供水引入管从市政供水管网取水,并服务于住宅,因此,引入管的设计流量应考虑二次供水管网漏失水量和未预见水量。未预见水量对于小区或建筑物难以预见的因素较少。为了加强城市供水管网漏损控制,按现行行业标准《城镇供水管网漏损控制及评定标准》CJJ 92—2016(2018 局部修订)的规定,城镇供水管网基本漏损率分为两级,一级为 10%,二级为 12%。同时规定了可按居民抄表到户水量、单位供水量管长、年平均出厂压力及最大冻土深度进行修正。国务院《关于印发〈水污染防治行动计划〉的通知》(国发〔2015〕17 号)中规定:到 2020

年,控制在 10％以内。国家标准《建筑给水排水设计标准》GB 50015—2019 规定:如没有相关资料时,漏失水量和未预见水量之和可按最高日用水量的8％~12％计。本条文参照以上规定作了相应规定。在缺乏资料的情况下,住宅的二次供水管网漏失水量与未预见水量之和,可按最高日设计水量的 8％~12％计。

3.2 水 质

3.2.1 根据《城市供水水质管理规定》(建设部〔2017〕第 156 号令)和现行国家标准《生活饮用水卫生标准》GB 5749,包括二次供水在内的城市供水水质应符合国家有关标准的规定。依据国家标准《二次供水设施卫生规范》GB 17051—1997 的有关规定,经二次供水设施后,水质增测项目标准的最高允许增加值为:氨氮≤0.1 mg/L;亚硝酸盐氮≤0.02 mg/L;COD_{Mn}≤1.0 mg/L。根据上海市供水管网管理的有关规定,城镇供水管网水质应符合现行国家标准《生活饮用水卫生标准》GB 5749 和现行上海市地方标准《生活饮用水水质标准》DB31/T 1091 的规定。

3.2.2 涉水的材料、成品、设备应符合现行国家标准《生活饮用水输配水设备及防护材料的安全性评价标准》GB/T 17219 的规定,并且一般要求具备省级以上的涉水产品卫生许可批件和质量监督部门出具的产品检验报告。

3.3 水 压

3.3.1 现行国家标准《建筑给水排水设计标准》GB 50015 中规定了住宅卫生器具工作压力。当卫生器具给水配件所需最低工作压力有特殊要求时,室内最不利点卫生器具和用水设备的最低工作压力按产品要求确定。国家标准《民用建筑节水设计标准》GB 50555—2010 中规定用水点处供水压力不大于 0.2 MPa。上海市工程建设规范《住宅设计标准》DGJ 08—20—2019 中规定了每户水表前的给水压力应符合套内用水点压力不应大于 0.20 MPa。

3.3.2 水表前的给水压力经水力计算后,应符合现行上海市工程建设规范《住宅设计标准》DGJ 08—20 对水表前的静水压力的规定。

3.3.3 由于现有二次供水的改建可能在现有住宅建筑结构的基础上进行,存在一定的限制条件。通过改建,入户水表前最低静水压在 0.05 MPa 以上,可基本满足使用要求。由于客观条件的限制,不能满足静水压 0.05 MPa 要求时,经评估后可采取局部增压措施。

4 供水系统

4.0.1 住宅的二次供水系统应根据服务范围、供水特点和技术经济综合比较,加以确定。系统的主要布置形式,可参照现行行业标准《二次供水工程技术规程》CJJ 140。

4.0.2 在一个住宅的供水工程中,为确保供水系统的安全运行和对供水水质有效控制,二次供水加压系统的出水至用户水表的管路不应与直供系统连接。在设置低位贮水池的情况下,由于间歇大量进水,会导致市政供水管网流量和压力的波动。为了不应影响用户服务水头,应设置进水稳压设施。

4.0.3 鉴于住宅的二次供水取自市政供水管网,为防止在高峰供水期间的用水增量转移至市政供水管网,对水厂和管网运行产生不利影响,因此,二次供水应设置水量调节设施。

4.0.4 大型居住小区住宅的二次供水加压时,应根据服务区域的规模、建筑物的布置和高度等因素,按照就近供水、靠近大用水户以及管网简洁布置的原则,对加压设施的选址、数量、供水规模和压力进行合理确定,尽量减少输水能耗。

4.0.5 采用水泵在未采取有效技术措施的情况下,直接从城镇管网抽水,将会对城镇管网的正常运行产生不利影响,造成邻近地区水压和水量的波动。叠压供水设备在城镇管网取水时,应采取有效的不降低取水点原有管网供水压力的技术措施。采用管网叠压供水方案时,应进行充分论证,并由供水部门根据城镇供水的实际情况以及所处位置的最低供水压力,确定叠压供水工程最大使用规模和供水方案,经技术及可靠性比较后判定批准。在以下区域不得采用叠压供水技术:

    1) 可资利用管网水压过低的区域;

2）管网水压波动过大的区域；

3）会对周围现有（或规划）用户用水造成严重影响的区域；

4）供水量不足或经论证管网管径偏小的区域；

5）供水主管部门或供水部门认为不得使用管网叠压供水设备的区域。

4.0.7 采用城镇管网在夜间直接对水箱进行补水的方式时，由于夜间补水水压和转输水量存在不确定和可能产生的动态变化等诸多因素，而水箱进水高度固定，故应根据水箱补水时的管网动态压力、输水流量、补水时间、水箱有效容积和服务范围内的用水量等进行充分论证和复核后，予以采用。

4.0.9 在住宅的二次供水室内和室外管网中应设置泄水口，以满足在管道试压、消毒和事故等情况下排出管道存水。泄水管口不得与接纳泄水的排水系统直接连接，应采取可靠的空气隔断措施。

5 贮水池和水箱

5.0.1 贮水池作为生活用水专用水池,不应与其他用水水池合建,以减少水的停留时间,保障水质。泵前贮水池的调节容量,应根据供应服务范围和特点确定。在基础资料不足的条件下,小区加压泵站贮水池的有效调节容积可按服务范围内生活用水最高日用水量的 15%～20%计,建筑物内则可按 20%～25%计。鉴于小区加压泵站具有服务范围较广的特点,泵前贮水池宜分隔成为可单独运行的两格,并采取必要的连通措施,确保住宅小区在贮水池清洗、维修和事故时生活用水的服务供应。

5.0.2 根据现行国家标准《二次供水设施卫生规范》GB 17051 的规定,饮用水箱或蓄水池应专用。由于客观条件限制,其他用水水箱考虑与生活用水水箱合建时,其他用水水质不得影响生活用水水质,在日常运行过程中,设计总停留时间不得超过 24 h,防止滞留导致水质恶化。

在相同建筑高度设置多个水箱的条件下,根据同一建筑物水箱的合理间距,可在水箱外出水横管端设置三通管并予封堵,以便独立运行水箱的维护和保养以及清洗水箱临时接水,同时提高供水安全性。

5.0.3 在相关运行资料缺乏的情况下,水箱有效调节容积应结合水箱的水泵补水运行方式进行考虑。在具有可靠的水泵自动启停补水运行条件下,可适当减小水箱的有效调节容积,不宜小于水箱服务区域内最大小时用水量的 50%。在以人工控制水泵开停运行条件下,水箱有效容积宜按服务区域内最高日用水量的 12%计。水箱容积可在有效调节容积的基础上,根据可能产生的不确定因素,可适当考虑部分安全储水量。

5.0.4 按平均用水量计,水箱容积不得超过服务区域内 24 h 的用水量。水箱容积超过 50 m³ 时,宜设置单独运行且容积相等的两格。

5.0.5 从结构安全性和使用功能出发,贮水池和水箱应采用独立的结构形式进行设计和建设,不得利用建筑物本体结构构件。

5.0.6 为防止渗漏污染的发生,在生活用水贮水池和水箱与其他用水贮水池和水箱并列设置时,应有各自独立的结构,不得共用分隔墙。邻池的外池壁间应设置有良好的排水措施,防止积水。必要时,外池壁间应保持一定的距离,以满足养护和检修需要。

5.0.7 为杜绝地下水和临近污染源对贮水池内的污染,同时考虑贮水池的重力泄空以及日常维护和检修,新建贮水池的设计应采用非埋地形式,应设置在设计地面以上或位于地下室内,并与支承面保持一定的管道和设备的安装间距。

5.0.8 对已建埋地或半埋地贮水池,邻近不得设置有可能产生污染影响的污染源;对邻近已有污染源,凡不能达到影响距离要求的,应采取防污染措施。

5.0.9 建筑物内的贮水池和水箱,应设置在专用房间内。为确保事故时的供电安全,不应毗邻电气用房或在其上方。考虑到日常运行和事故发生时对周围的影响,不宜设置在居民用房毗邻和下方。为防止外部环境的污染,贮水池和水箱上方房间不应有污染源。在改建中,由于客观条件,无法满足上述条件时,应采取有效的工程措施,防止水质污染。

5.0.10 为满足施工、装配和检修,贮水池和水箱外壁与建筑本体结构的间距需要满足相应的要求。无管道的侧面净距不宜小于0.7 m;安装有管道的侧面,净距不宜小于 1.0 m,且管道外壁与建筑本体墙面之间的通道宽度不宜小于 0.6 m;设有人孔的贮水池和水箱顶,顶板面与上面建筑本体板底的净空不应小于 0.8 m。贮水池和水箱外底面与支承面板的净距,不宜小于 0.8 m。

5.0.11 为达到可靠的防腐蚀和防污染目的,贮水池和水箱的结构材料不应使用普通钢板,内衬材料不应使用手工涂抹的有机材料。

5.0.12 贮水池和水箱采用不锈钢结构或不锈钢内衬时,宜采用由专业厂商厂内制作的合格成套或可拼装的产品,不得进行现场制作与焊接,材料宜采用06Cr19Ni10或以上等级不锈钢。不锈钢内衬与混凝土面应紧密结合,避免间隙产生。不锈钢焊接材料应采用同质的或适宜的其他材料,要求对焊缝进行酸洗钝化等抗氧化处理。不锈钢内衬应进行防渗漏检测。铺砌瓷砖及其粘接和嵌缝材料应取得有关卫生部门的检测许可,不应对贮水池和水箱内水质产生污染影响。铺砌工艺应确保瓷砖与混凝土面的全面粘合,整体平整。瓷砖应选择表面光滑、易于清洗的大规格成品瓷砖,尽量减少嵌缝。

5.0.13 贮水池和水箱的人孔应根据运行和检修要求进行设置,人孔应设置在贮水池和水箱内部需进行经常维护和检修的部件邻近。人孔宜设计为圆形,以防止人孔盖板开启后人及其他生物误入贮水池和水箱,最小直径应不小于0.6 m,高出外顶应不小于0.1 m。人孔盖板宜采用符合卫生要求的非金属材料制成,并具有密封性能。

5.0.15 为减小滞水区,尽量改善水流流态是保证供水水质的有效措施。贮水池和水箱进水和出水位置不宜设置在同侧和邻侧,宜设置在对侧或对角线上。必要时,可设置导流措施,保持水流的单向流动,防止短流发生。

5.0.17 水箱出水管不应从箱底接出。为了尽量利用水箱的调节容积,避免水箱沉积物流出,水箱出水管管底与接出点池底宜保持适当间距。

5.0.18 为保障清洗后的初始水质,要求贮水池和水箱的清洗水彻底排空。泄水管应位于贮水池和水箱的底部最低点或集水坑底部,贮水池和水箱底应有一定坡度坡向泄水管接出点,坡度一般不小于1%,其间不应有凹陷,防止积水。采用集水坑泵吸排空方式,由于积水难以完全排空,故不宜采用。

5.0.19 溢流管喇叭口应位于贮水池和水箱水面稳定处,不受水流紊动干扰。通常,溢流管管径比贮水池和水箱进水管放大一级。溢流管应在确保溢流通畅的前提下,在出口管段设置防止外部生物入侵的有效措施。

5.0.20 泄水管管径除应考虑泄空时间和受体排泄能力外,同时应考虑排水管或排水泵及其系统的外排能力,外排能力应大于最大泄空流量。泄水管与排水受体不得直接连接,其间应留有空气间隙。

5.0.21 通气管的布置应满足贮水池和水箱内的空气流通,并适应贮水池和水箱运行时空气交换的要求。

5.0.22 根据贮水池和水箱的具体布置,应设置便于取样的措施,避免人工取样对水质产生影响。在采用取样管时,应尽量缩短其长度。

5.0.23 鉴于水温与气温存在一定差异,为尽量降低由于水温升高而导致的余氯衰减速率,在露天贮水池和水箱的设计中,应采取隔热措施。室内贮水池和水箱,应根据环境条件,采取相应的必要措施。

5.0.25 贮水池和水箱为专用贮水池和水箱,不得接入其他来水。

6 加压设备和泵房

6.1 加压设备

6.1.1 住宅二次供水加压水泵选型应在系统水力计算的基础上进行。根据设计运行模式,加压水泵或泵组应满足最大输水流量和输水压力的需求,水泵的组合应满足不同工况条件下的输水要求,对于工频水泵,可采取大小泵组合的方式。在选型时,应考虑在高频率使用工况下,水泵在高效区内运行。水泵效率应符合现行国家标准《清水离心泵能效限定值及节能评价值》GB 19762 的要求。

6.1.2 备用水泵应与水泵泵组中最大一台常用水泵的供水能力和供水扬程相一致,并能在日常运行中实现切换运行。

6.1.3 鉴于变频水泵的工作特性,即水泵转速的变化将导致供水流量和扬程的相应变化,为此,在变频水泵及泵组的选择时,应以满足最大供水要求额定转速的工作点为基点,以水泵运行高效区末端为原则,进行水泵的选择,以取得变频泵组在各种工况条件下的经济运行。由于住宅的二次供水加压水泵电机一般都在低压范围内,故变频水泵有条件采用独立的变频调节装置。

6.1.4 水泵作为住宅的二次供水中的常用涉水设备,相应部件应采用耐腐蚀和符合国家有关卫生标准的材料。

6.1.5 气压供水设备是利用气压罐内气体的可压缩性来达到管网保持较稳定的水压和流量调节的变压式装置。采用气压供水设备的规模不宜过大。气压供水设备配套的工作水泵流量、扬程应与气压水罐的体积匹配,1 h 内的水泵启动次数不应超过 8 次,避免电控装置受损。

6.1.6 为防止水泵喇叭口的空气吸入,根据工程布置和运行要求确定水泵最小吸口淹没深度,不宜小于 0.3 m。为减少水泵运行时的吸水干扰,改善吸水流态,吸水喇叭口距池底净距、边缘与池壁净距和吸水管管间净距具有安装要求。

6.1.7 为适应水泵的快速启动、简化吸水装置、提高可靠性,在设计中应采用水泵自灌启动方式。

6.1.8 为便于设备检修维护、避免入池污染和保障水质,水泵机组及其配套阀组不得在池内进行维修和养护。

6.1.9 水泵应配置适应于单独运行、控制和检修的阀组。水泵机组的布置、安装高度、吸水管和出水管的具体安装要求,以及检修、减震和防噪的具体措施,应按现行国家标准《建筑给排水设计规范》GB 50015 的有关规定执行。

6.2 泵 房

6.2.1 泵房,尤其是地下泵房,应具有良好的通风条件,并配置排水设施,能有效及时地集水和排水,避免泵房内积水。泵房内装饰和地面应符合卫生和环保要求,保持室内干燥,并采取必要的防汛、防潮措施。《关于加强本市居民住宅二次供水设施运行维护监督管理工作的通知》(沪二次供水办〔2018〕4 号)中规定了日常照明、应急照明、防汛设施等安全防护措施。

7 消　毒

7.0.3　为保证住宅的二次供水水质安全,消毒设备的设计最大投加量应根据工程特点,结合运行模式,综合考虑水质条件、气温条件和运行工况条件加以确定,应满足最不利条件下消毒要求,同时考虑加注设备间歇运行的可行性。

7.0.4　采用次氯酸钠发生器和二氧化氯发生器设备时,加注点应位于贮水池进水口处。采用紫外线消毒器时,宜设置在水箱出水管。

7.0.5　消毒设备应采用由厂商制作的合格成套设备,其中应包括投加量的控制和调节、投加设备、电控设备和其他配套设备。具体设计可参照现行国家建筑标准图集《二次供水消毒设备选用与安装》02SS104。

8 管道和附件

8.1 管 道

8.1.2 遵循资源节约的原则,在工程条件允许的前提下,埋地管道应优先选择非金属管道,如聚乙烯类和钢丝骨架塑料(聚乙烯)复合管等;采用金属管时,宜采用球墨铸铁管;采用不锈钢管时,应采取可靠的外防腐措施;采用其他金属管道时,应采取可靠的内外防腐措施,内防腐材料必须满足国家有关卫生标准要求。

8.1.3 为了防止藻类滋生,明敷管道不应采用透光性材质。

8.1.4 管道安装时应避免强行连接,故应采用与成品管配套的管配件和连接件。

8.1.6 为减少水头损失和满足户内用水需求,住宅入户管的设计最小公称直径不得小于 20 mm。

8.1.8 对埋地生活用水供水管道宜进行独有性的管道标识,如示踪带等,以区别于其他管道,防止安装误接和运行误操作。

8.1.9 塑料管道耐冲击性能较差,作为立管明敷时,应布置在不易受撞击处,必要时需设置防撞措施。

8.2 附 件

8.2.4 各类管道阀门材质应具有耐腐蚀性,根据管径大小和使用条件,可采用球阀、蝶阀和闸阀等。采用球墨铸铁阀体的阀门应选择衬胶阀门,阀板应采用软密封形式。在采用闸阀或蝶阀时,宜选用橡胶软密封阀门。

8.2.5 止回阀选型应根据安装部位、阀前水压、密闭要求和可能引起的水锤大小等因素确定。

8.2.10 需在贮水池和水箱进水管上设置的自动液位控制装置，应采用定型产品，宜采用有电气或水力控制的专用阀门。根据阀门水头损失曲线，复核进水流量和进水压力，满足设计运行条件下的进水要求。自动液位控制阀管径应与进水管管径一致，阀门主体应设置在贮水池和水箱外。水位浮球控制器或超声波液位器宜设置在贮水池和水箱内，浮球阀配件应采用防腐材料。设置旁通进水管并配置阀门，以便于自动液位控制阀的检修。

9 计量水表

9.0.3 在建筑设计时应充分考虑水表安装条件。水表设计安装高度不低于 0.4 m,不高于 1.4 m,距墙不小于 0.1 m。水表安装可采取嵌墙式、管弄井式和其他集中安装方式。嵌墙式标准水表表箱的安装应满足箱底漏水孔的正常排水。多表并联安装时,水表上下空隙不得小于 0.08 m。为便于水表安装后的拆装,水表前后管段布置宜采取可拆卸措施。采取非嵌墙式水表安装时,与水表连接的上游和下游管段应有一定长度的直管段。

10　安全防范

10.0.2～10.0.4　为了保障安全,参照住建部和国家反恐办发布的《城市供水行业反恐怖防范工作标准》特作此几条规定。

11 防冻保温

11.0.1 上海冬季天气温度可达零度以下,敷设在室外、楼道、地下车库、靠近外墙等位置的给水管道及配件容易发生冰冻。为保证安全供水,故需要对管路以及水表、阀门等管配件设施进行防冻保温,以防止冻结和爆管发生。

　　防冻保温措施可参照现行上海市工程建设规范《住宅设计标准》DGJ 08—20、上海市水务局标准化指导性技术文件《上海市居民住宅二次供水设施改造工程技术标准防冻保温细则》SSH Z 10002 和《城镇供水系统应对冰冻灾害技术指南》(中国城镇供水排水协会科学技术委员会组织编写)执行。

11.0.3 保温层最小厚度的选择应参照现行上海市工程建设规范《住宅设计标准》DGJ 08—20 和上海市水务局标准化指导性技术文件《上海市居民住宅二次供水设施改造工程技术标准防冻保温细则》SSH/Z 10002 进行确定。

11.0.5 保温层材料应选用耐火性好,施工方便、不易碰坏的绝热材料。保温时宜选用 B_1 级柔性泡沫橡塑,不宜选用吸水性强的材料。

11.0.7 保护层材料应选择防老化、耐腐蚀、抗撞击、不开裂、不散缝、不渗水和不脱落的材料,应防止雨水渗入保温内层材料。

12 监测、检测、控制和保护

12.1 监测和检测

12.1.4 二次供水设备数据主要包括水泵机组、消毒设备等的运行状态及故障信号、水泵变频频率。仪表检测数据主要包括泵房出水浊度、消毒剂余量、水箱出水消毒剂余量、浊度、进出水压力、贮水池与水箱液位。

12.1.5 供配电设备数据主要包括供配电设备进线开关、主要馈线开关、UPS电源运行状态及故障报警信号、电流、电压、电度等参数。泵房环境监测数据主要包括泵房内环境温度、环境湿度和积水水位等信号。

12.1.7 对无线组网采取身份认证、安全监测等防护措施，是为了防止外界经无线网络进行恶意入侵，尤其要防止通过侵入远程终端单元进而控制部分或整个控制系统。

12.3 保 护

12.3.6 设备的防护等级不宜低于 IP55 是指设备整机的外防护不宜低于 IP55。

13 施工和安装

13.0.4 钢塑复合管和其他具有防腐内衬的金属管道,焊接将破坏管内壁防腐层,影响管道的整体防护性能。

13.0.5 不锈钢管道可采取焊接,焊接材料应采用同质或适宜的其他材料,并对焊缝进行酸洗钝化等抗氧化处理。

13.0.6 为防止电化学腐蚀,禁止不同材质的金属管道直接接触连接。若需要连接,必须采用橡胶垫圈或铜质材料进行转接。

14 调试和验收

14.1 调 试

14.1.5 贮水池和水箱应进行满水试验,静止观测 24 h 无渗漏视为合格。

14.1.11 现行行业标准《二次供水工程技术规程》CJJ 140 规定:调试后必须对供水设备、管道进行冲洗和消毒。冲洗、消毒后,系统出水水质应符合现行国家标准《生活饮用水卫生标准》GB 5749 的规定。

15 运行维护和安全管理

15.0.1 住宅二次供水余氯衰减主要发生在通气管与大气连通的非承压贮水池和水箱,并与水质和温度有关。根据上海地区资料统计,在一般情况下,余氯在非承压贮水池和水箱 24 h 停留时间内的衰减率基本为 40%。贮水池和同一系统中单个水箱最大设计停留时间的之和,包括有效调节水量、安全水量等在内,大于 48 h 时,即可认为余氯已耗尽。

15.0.3 经检测发现二次供水水质不合格,或者环境、气候等因素导致二次供水水质不符合卫生标准和规范要求,应立即对贮水池、水箱进行清洗消毒,并及时排查原因,防止污染事件再次发生;临时停用的贮水池和水箱在恢复运行前,应检查并进行清洗消毒。

15.0.4 取样检测指标包括色度、浑浊度、pH、菌落总数、总大肠菌群和消毒剂余量。

15.0.5 附属设施包括内壁、人孔盖锁、溢流管口(含网罩)、通气管口(含网罩)、溢流管、排空管、水位尺、各类阀门、浮球、过滤器及水位控制电路等。

15.0.9 应按设备特点及周期性计划进行擦拭、清扫、润滑、调整等,以维持和保护设备的性能和技术状况,对异常情况应及时维修。

15.0.12 每半年应对各类长期处于关闭或开启状态的阀门(含电磁阀及电动阀)进行 1 次检修性操作,保证启闭灵活,并调整、更换漏水阀门填料,及时清除阀门表面油污、锈蚀等;如使用电动(磁)阀门,每年应校验 1 次限位开关及手动与电动的联锁装置。